DELICIOUS LONDON :
A GUIDE TO THE BEST DESSERTS

- AYANO MUTA -

はじめに

イギリスのデザートは人々の顔に笑顔をもたらすものだと思います。
子どものころの家族の幸せな食卓を呼び起こすのではないでしょうか。
デザートのもっとカジュアルな呼び方はプディングです。
子ども達はよく「出されたものを終えなければ、
プディングが出てきませんよ！」と言われてきたものです。

英国菓子教室　Giuliana Orme

20 年間お菓子作りを続けていた私が、
初めて英国菓子に出会った時の衝撃は今でもよく覚えています。
だって、ボールに全ての材料を入れて混ぜるだけで
とびきり美味しいお菓子が出来上がってしまうのですから！
流行に惑わされることなく、大地の恵みを大切に、
家庭で無理なく作れる英国菓子は
私たちに「幸せに生きるヒント」をも教えてくれているようです。

牟田彩乃

CONTENTS

ロンドンで出会う英国菓子
6

レモン＆ポピーシード・ケーキ／サマープディング
バッティンバーグ・ケーキ／キャロットケーキ／トゥリークル・タルト
チェルシー・バンズ／クランペット
クランブル＆ブラムリー・アップル／バノフィー・パイ／メイズ・オブ・オナー
レモン・ドリズルケーキ／メレンゲ／パヴロヴァ／イートンメス
ベイクウエル・スライス、ベイクウエル・タルト／フラップジャック
スティッキー・トフィープディング／ビスケット／レモンカード
レモン・メレンゲ・パイ／エクルズ・ケーキ／カップケーキ

RECIPE
レモン＆ポピーシード・ケーキ　クランブル／レモン・ドリズルケーキ
ベイクウエル　レモンカード

英国人とお菓子
44

英国に本物の珈琲をもたらしたヒンギス一族
ラ・フロマジェリー創業者のチーズケーキ
人気英国菓子教室オーナーのアフタヌーンティー
カンドラ・ティールーム、英国人ママのスコーン
英国紳士淑女の集う会員制社交クラブ／フォーダムアビーと英国菓子
ターニャのビクトリアサンドイッチ／英国のバースデーパーティー!!
ファーマーズマーケットで出会うお菓子／カジュアルなティールーム、ヤムチャ
SNSの時代、新しいスタイルの英国菓子
バニー・ヤウン最新のヘルシースイーツ

RECIPE
リコッタチーズケーキ / ショートブレッド / ヴィクトリアサンドイッチ

チャリティーと季節の行事
78

チャリティー・オープンガーデン／チャリティー舞踏会とファッジ
小学校チャリティーケーキセール／イースターとシムネルケーキ
エルダーフラワーコーディアル＆ゼリーの季節／小学校のサマーフェア
ロイヤルアスコット競馬とストロベリー＆クリーム／ラベンダーの季節
PYO 農園／クリスマスを祝う伝統菓子／バーンズナイト・サパー

RECIPE
バナナブレッド／カップケーキ／エルダーフラワーコーディアル
エルダーフラワーゼリー／ジンジャーブレッドマン

アフタヌーンティーとクリームティ
112

ダンジェリン・ドリーム・カフェ／カフェ・リバティー
クリフトンナーサリー・ザ・クインストゥリーカフェ／ザ・ヴィー＆エーカフェ
ザ・オランジェリー・レストラン／ダイヤモンド・ジュベリー・ティーサロン
マッドハッター・アフタヌーンティー／ザ・ローズベリー・ラウンジ
パークルーム・アット・グロブナーハウス／ザ・パーラー

英国式アフタヌーンティー・エチケット

COLUMN
小さな村とアイスクリームのこと／こだわり派のロンドン土産　134
ロンドン・マップ　140

（註）本書掲載のレシピについて　大さじ1は15ml、小さじ1は5mlです。

CHAPTER I

ロンドンで出会う英国菓子

せっかくロンドンを訪れたなら、
伝統的な英国菓子を楽しんでみませんか？
こだわりの英国菓子に出会えるお店をご紹介します。

レモン & ポピーシード・ケーキ
Lemon & Poppy Seed Cake

Buttery cafe (バッタリーカフェ) ⇒P141-21
Burgh House New End Square London NW3 1LT　Burgh House & Hampstead Museum
http://www.burghhouse.org.uk/

　「労り」「感謝」はポピーの花の花言葉。11月11日の英霊記念日が近づくと、ポピーのバッジを胸に飾り戦没者に感謝の意を表す英国の人々。この時期、英国には真っ赤なポピーの花が溢れるのです。

　英国の人々にとって特別な花であるポピー。ポピーシード（けしの実）も英国のお菓子には欠かすことのできないもの。白ケシ、黒ケシとありますが、英国でよく使われるものは黒ケシ（ブルーポピーシード）。ポピーシードをぎっしりと詰めこんだ、レモンやオレンジと合わせたケーキが多くみられます。

　ロンドン一美しいとも言われる街ハムステッド。ブルハウス内のバッ タリーカフェは近隣住民の憩いの場所です。レモン＆ポピーシードケーキはジューシーなレモンの酸味と、香ばしくプチプチとしたポピーシードの食感が病みつきになる美味しさ。まるで森の中にいるかのようなカフェでは、伝統的な英国菓子を楽しめます。都会の喧騒を逃れ、静かな時間を過ごしたい時にぜひ訪れてみてください。

> RECIPE <

レモン＆ポピーシード・ケーキ（18cmパウンド型）

英国人に習ったお気に入りのレシピ。より「モイスト」な仕上がりにしたい時には、ヨーグルトを加えます。

ボールに室温に置き柔らかくした無塩バター（100g）・砂糖（100g）を入れ白っぽくなるまですり混ぜる。更に卵（2個）・プレーンヨーグルト（50g）を入れ混ぜ、薄力粉（100g）・ベーキングパウダー（小1）・ポピーシード（大3）・ノンワックスのレモンの皮のすりおろし（1個分）を入れ均一になるまで混ぜる。ベイキングシートを敷いた型に生地を入れ180度のオーブンで約35分焼く。焼きあがったら型から外し、熱がとれたらアイシングシュガー（200g）とレモン汁（大3）を混ぜたレモンアイシングを表面にかけて出来上がり。
＊イギリスでは薄力粉のかわりにplain flour（中力粉）が使われています。

CHAPTER I ｜ BRITISH DESSERT IN LONDON

サマープディング
Summer Pudding

Chelsea Physic Garden（チェルシー・フィジック・ガーデン）　>P141-13
66 Royal Hospital Road Chelsea SW3 4HS LONDON
http://chelseaphysicgarden.co.uk/

サマープディングがメニューに並び始めると英国にもやっと夏が来た！とワクワクしてしまうのは誰もが同じようです。ラズベリー、イチゴ、ブラックカラント、レッドカラント、ブラックベリー、ブルーベリーなど英国の夏のベリーがぎっしりと詰められたサマープディング。夏が短いこの国では貴重な太陽を楽しむように、多くの人々が外のテラス席で嬉しそうにサマープディングを楽しむ光景がみられます。

19世紀、温泉の療養施設で脂肪分の多いデザートを控える人たちのために作られたとも言われているヘルシーなサマープディング。作り方はとってもシンプルで、食パンを敷き詰めた中にベリーを砂糖で煮たものを詰めて一晩置きます。

食パンのデザートは美味しいの？と思われるかもしれませんが、美味しいサマープディングはすっきりとした酸味が心地よく、すっとお腹におさまっていくのです。サマープディングを美味しく作るコツは乾燥した美味しいパンを使う事。大量生産の食パンではヌメッとしてしまい良くないそうです。食パンの白い部分が完全に見えなくなれば大成功！

火を使わないので夏のガーデンパーティーやキャンプなどのアウトドアでも作られるデザート。爽やかな味が暑い夏にぴったりのプディングです。

バッティンバーグ・ケーキ
Buttenberg Cake

The Wolseley(ザ・ウォルズリー) ⊃P141-23
160 PiccadillyLondon W1J 9EB
https://www.thewolseley.com/

正式なティールームでのアフタヌーンティーの席で食べる機会の多いバッティンバーグ・ケーキ。2色のスポンジを焼き、アプリコットジャムをサンドし、マジパンで巻いたモザイク模様のケーキはとても華やか。1884年、ヴィクトリア女王の孫娘とドイツのバッティングバーグ家の息子との結婚披露宴の席のために作られたという特別なケーキ。基本はピンクと白のスポンジですが、最近ではグリーンやオレンジなどに色をアレンジしたケーキをよく見かけます。

　カフェではあまり見る事のないバッティンバーグ・ケーキですが、ホテルリッツの横にある名店 The Wolseley（ザ・ウォルズリー）では本格的なバッティンバーグ・ケーキとともに優雅なティータイムを過ごせます。ゴージャスな内装ながら、カジュアルな雰囲気で食事や伝統的な英国菓子を楽しめるザ・ウォルズリーは覚えておくと重宝する店です。

キャロットケーキ
Carrot Cake

108パントリー

108 PANTRY（108 パントリー）→P140-05
47 Welbeck Street, London W1G 8DN
http://108brasserie.com/pantry/

英国のお菓子はその歴史を知ると、より愛着が沸きます。キャロットケーキもそのひとつ。ニンジンは中世の時代からお菓子作りに使われており、第二次世界大戦中には貴重な砂糖のかわりに配給され甘味料として使われるようになったと知ってからは、その存在がとても大切なものに思えるのです。

「誰もが好きなケーキはキャロットケーキだと思うわ！」と英国人のカフェのオーナーが話してくれました。ニンジンとナッツがたっぷりと使われ、全粒粉やブラウンシュガーでできるこのケーキはヘルシーという理由でも愛されています。

しっとりとコクのある生地とクリームチーズのフロスティングの組み合わせは予想を超えて美味しくて、一口で虜になる人も多いかもしれません。

ロンドンでは沢山の美味しいキャロットケーキに出会えますが、中でもおすすめのものを3つ。ひとつめは、大切な友人と静かに過ごしたい時に訪れる 108 Pantry（108 パントリー）の上品なキャロットケーキ。ロンドンのベストカップケーキにも選ばれており、知る人ぞ知るキャロットケーキです（英国では丸い焼き菓子をカップケーキと呼ぶことが多いのです）。

2段にサンドされたたっぷりのクリームと生地のバランスがベストなキャロットケーキは Fortnum & Mason（フォートナム＆メイソン）内のカフェ The Palour（ザ・パーラー）のもの。とても大きいですが生地もクリームも軽く、すっとお腹に入ります。

最後にポッシュな雰囲気漂う洗練された The Mount Street Deli（ザ・マウント・ストリート・デリ）のキャロットケーキ。ニンジンのグラッセの千切りのワンポイントが効いたお洒落なものです。

ぜひお気に入りのキャロットケーキを探してみてください！

ザ・パーラー

ザ・マウント・ストリート・デリ

トゥリークル・タルト
Treacle Tart

甘くてネチッとした、これまでに味わったことのない不思議な食感です。

残り物のパンを美味しいデザートによみがえらせる生活の知恵から生まれたトゥリークル・タルトは、その昔は家庭でよく作られていて、子どもの頃の思い出のお菓子という人も多いようです。パン粉が主な材料で、ゴールデンシロップという甘味料、風味付けのレモンの皮とレモン果汁を加えたフィーリングをタルト生地に入れて焼き上げたもの。トゥリークルとはさとうきびを精製する過程で作られるシロップでゴールデンシロップです。なんともイギリス的で面白いレシピだと思いませんか？

昔ながらの素朴な家庭菓子ですが、ハリー・ポッターの好物として原作に何度も登場したため、世界的にも有名な英国菓子になったようです。ザ・ウォルズリーのトゥリークル・タルトはクレームフレッシュが添えられ、爽やかなクリームの酸味が甘いタルトと絶妙なコンビネーションです。

The Wolseley（ザ・ウォルズリー） ▶P141-23
160 PiccadillyLondon W1J 9EB   https://www.thewolseley.com/

チェルシー・バンズ
Chelsea Buns

約300年以上前にチェルシー地区のチェルシー・バンズ・ハウスで作られたというチェルシー・バンズ。英国版シナモンロールといったシンプルなパンですが、ドライフルーツが入り、スパイスが使われ、表面には蜂蜜と砂糖がかけられ……当時の人々にとっては大変贅沢なお菓子だったことでしょう。

今では多くのカフェやベーカリーでみかけることができますが、おすすめはフォートナム&メイソン地下のベーカリーコーナーにあるチェルシーバンズ。人気の為、売切れのことも多いので、早い時間の来店を。

Fortnum & Mason（フォートナム&メイソン）⇒P141-01
181 Piccadilly London W1A 1ER
https://www.fortnumandmason.com/

クランペット
Crumpet

　英国の人にとって懐かしい家庭の味だというクランペット。バターと、ジャムやマーマイト（英国では一般的なビール酵母を使用したジャム）を塗ってシンプルに食べられるところが、人気の秘密。朝食やティータイムに食べられることが多いですが、夕飯をクランペットで軽く済ませる、ということもあるようです。
　イーストを加えて発酵させた生地を、専用の型で焼くという手間もかかることから、最近では多くの人がスーパーで買って済ませています。英国のスーパーのパン売り場には、必ずクランペットが置かれています。
　私の英国の思い出の味、といえばMaffin Man（マフィン・マン）のクランペット。国際線客室乗務員として仕事をしていた5年間、ロンドンへのフライト時にはマフィン・マンでよく朝食を食べていました。今では貴重な伝統的な英国菓子を気軽に楽しめる人気のティールームです。

Maffin Man（マフィン・マン）▷P140-25
12rights Lane Near Kensington High Street, London W8 6TA,
http://www.themuffinmanteashop.co.uk

クランブル & ブラムリー・アップル
Crumble & Bramley Apple

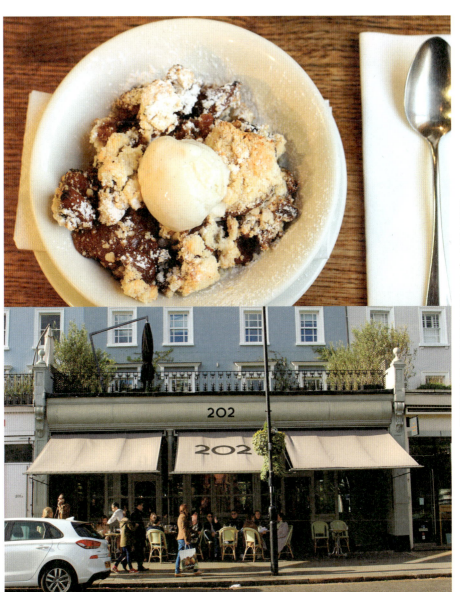

202（トゥー・オー・トゥー）　>P140-32
202 Westbourne Grove, London W11 2RH
http://www.202london.uk/

「好きなデザートはママのクランブル！」と教えてくれた10代の男の子。なんて微笑ましい！家庭でのママの味として子どもの頃から親しまれていることがよくわかります。春にはルバーブ、夏にはベリーやアプリコット、秋にはリンゴとブラックベリー、など季節ごとの旬のフルーツ、家に余っているフルーツを詰め込みクランブル生地を乗せてオーブンで焼きあげます。レストランではアイスクリームが添えられることが多いですが、家庭では英国の人々が大好きなカスタードソースをかけるのが一番の人気だとか。

素朴な家庭菓子のクランブルは、小麦粉や砂糖などの材料が不足していた第二次世界大戦中に少ない材料で出来る事から生まれました。クランブルもまた生活の知恵から生まれたお菓子なのです。

ロンドンでお洒落に美味しいクランブルを食べたくなった時に向かうのはノッティングヒルの202（トゥー・オー・トゥー）。ブティックに併設するカジュアルなカフェは、ワイン片手にお喋りに花が咲くご近所マダム御用達の店。週末には行列が

出来る人気店です。

カラメリゼしたプラム・ブラムリーアップル・ピーチの上にサクサクのクランブル、そしてバニラのアイスクリーム。甘すぎる事なく、しっかりとフルーツの食感と酸味を味わうことの出来るクランブル。リンゴも「ブラムリー」が使われているのが、嬉しいところです。

英国でリンゴのお菓子を食べるなら、ぜひ英国原産のクッキングアップル「ブラムリー」を味わってみてください。この国では生食用のリンゴを「デザートアップル」、調理向きのリンゴを「クッキングアップル」と呼び、区別しています。

クッキングアップルは酸味が強すぎて生食には適しませんが、加熱すると甘さが増し水っぽさもなくホクホクと美味しさが引き出されます。他のリンゴとの食感と味の違いは歴然。英国のリンゴのデザートや料理には欠かせないものです。

> RECIPE <

英国家庭の基本のクランブル・レシピ

英国のクランブル生地の最も基本のレシピは小麦粉とバターを2：1そして砂糖を好みで混ぜたもの。お好みで、シナモンやクローブ、ジンジャーなどのスパイス、アーモンド等のナッツを加えてアレンジします。

薄力粉（100g）・冷えた無塩バター（50g）・砂糖（50g）をボールに入れて、バターを指でつぶし粉とすり混ぜる。全体的にそぼろ状になればクランブル生地の出来上がり。薄切りにしたリンゴ（2個分）に砂糖（20g）をまぶし耐熱皿に入れる。クランブル生地を乗せ200℃に予熱したオーブンで約30分焼いて出来上がり。

バノフィー・パイ
Banoffi Pie

Mount Street Deli（ザ・マウント・ストリート・デリ） ›P141-02
100 Mount Street, London, W1K 2TG
https://www.themountstreetdeli.co.uk/

「チョコレートケーキやキャロットケーキもいいけれど、やっぱりバノフィー・パイは最高！バナナと生クリームの中に濃厚なトフィークリームが入っていて、もうたまらないわ！」と興奮気味な女性たち。1972年に生まれたこのケーキ。歴史が浅いお菓子ということもあり、英国らしくない！との声も聞かれるのですが、特に若い女性にとっては大好きなトフィーとバナナを詰め込んだバノフィー・パイはスペシャルな存在。

ポッシュな雰囲気溢れるマウントストリート。洗練されたビジネスマンが新聞片手に訪れる人気のデリ、ザ・マウント・ストリート・デリのバノフィー・パイは私にとっての、ベスト1。近頃は、砕いたビスケットを台にするお手軽なタイプのバノフィー・パイを多く見かけますが、ここのパイはしっかりショートクラストペイストリーという生地が使われています。薄い生地は湿気らないようにチョコレートでコーティングしてある為、時間がたってもサクサク感が保たれています。甘さ控えめの生クリームと、さっぱりとしたバナナ、コンデンスミルクを缶ごと火にかけて作られるミルキーなトフィークリームがなんともいえません。

残念ながらバノフィー・パイ発祥の店、イングランド南部のThe Hungry Monk Restaurant（ザ・ハングリー・モンク・レストラン）は閉店してしまいましたが、今なお英国中で愛されているケーキです。

メイズ・オブ・オナー
Maids of Honur

Newens The Original Maids of Honour（ニューエンズ・ザ・メイズ・オブ・オナー）　⊃P141-28
288 Kew Rd, Richmond TW9 3DU
https://www.theoriginalmaidsofhonour.co.uk/

古い歴史をもつ宮廷菓子メイズ・オブ・オナーは16世紀のハンプトン宮殿に由来するお菓子。諸説ありますが国王ヘンリー8世がこのケーキを大変気に入りレシピが流出しないように、開発者であるメイド・オブ・オナー（宮廷の世話係）を宮殿に幽閉し、王の為だけにケーキを焼かせたという言い伝えがよく知られています。

そのレシピを受け継ぐ店がキューガーデンの近くにある老舗ティールーム Newens The Original Maids of Honour（ニューエンズ・ザ・オリジナル・メイズ・オブ・オナー）。素朴なお菓子はサクサクのパフペイストリーの内側にほんのり甘い、カッテージチーズやアーモンドパウダーで作られたカスタードのようなフィリングが入った、とても繊細な上品な美味しさ。このお菓子を求める人で、いつも店内は賑わっています。

レモン・ドリズルケーキ
Lemon Drizzle Cake

ゲイルズのレモン・ドリズルケーキ

英国のレモンケーキの特徴、それは「Drizzle（滴る）」！名前の通り、滴るほどのレモンジュースが染み込んでいるのです。焼きあがったケーキに竹串でブスブスと穴をあけてから、たっぷりのレモンシロップをケーキの中央まで染み込ませるという独特の方法で作られています。

ジューシーで美味しいレモン・ドリズルケーキは、子どもから大人まで幅広い世代に愛されています。私は手土産にも最適な Gail's（ゲイルズ）、Melrose and Morgan（メルローズ＆モーガン）、Daylesford Organic（デイルズフォード・オーガニック）のものがお気に入り。違いは上にかけるレモンシロップ。レモン果汁と砂糖を混ぜただけのシロップをかけじゃりじゃり感を楽しむもの。果汁とシロップを火にかけ溶かしてからかけるものなど、少しずつ味や食感が異なります。ぜひお気に入りを探してみてください！

> RECIPE <

レモン・ドリズルケーキ・レシピ（18㎝パウンド型）

英国ではアーモンドパウダーや牛乳が加えられるレシピもよく作られますが、ここでは材料を全て一緒に混ぜるだけ！という何ともシンプルな英国スタイル「オールインワン」の基本のレシピをご紹介します。

ボールに小麦粉（100g）・砂糖（70g）・柔らかくしたバター（100g）・卵（2個）ベイキングパウダー（小1/2）を入れ滑らかになるまで混ぜる。ベイキングシートを敷いた型に流し入れ180度に予熱したオーブンで約30分焼く。焼きあがったら熱いうちに竹串で穴をあけ、砂糖（50g）とレモン汁（1個分）を混ぜたシロップを染み込ませる

Gail's Arstin Bakery（ゲイルズ） ＞P140-29
64 Hampstead High Street London NW3 1QH（ロンドンに約36店舗有）
http://gailsbread.co.uk/

Melrose and Morgan（メルローズ＆モーガン） ＞P141-20
42 Gloucester Avenue London NW1 8JD（プリムローズヒル店）
http://www.melroseandmorgan.com/

Daylesford Organic（デイルズフォード・オーガニック） ＞P140-15
208-212 Westbourne Grove Notting Hill London W11 2RH
https://daylesford.com/

- 27 -

メレンゲ
Meringue

ペギー・ポーションのメレンゲ（p29左も）

我が家に遊びにきたイギリス人の女の子が左右のほっぺと口いっぱいに嬉しそうにメレンゲを詰め込んでいるのをみて、本当に大好きなのね！と実感しました。それからは友人への手土産に選ぶ事も増えたメレンゲ。英国では子どもから大人まで大・大・大好き！というカジュアルなお菓子。

思えば、ベーカリーやカフェ、デリなどメレンゲのない店はない！と感じる程。サクサク、ホロホロとした食感は慣れると病みつきになります。

子どもにはパステルカラーがかわいいPeggy Porchen（ペギー・ポーション）のメレンゲ。大人へは人気デリOttolengh（オトレンギ）のローズとブラックカラントのメレンゲがおすすめです。

オトレンギのメレンゲ

The Peggy Porschen Parlour（ペギー・ポーション） ♪P141-12
116 Ebury Street Belgravia London SW1W 9QQ
https://www.peggyporschen.com/

OTTOLENGHI Notting Hill（オトレンギ） ♪P140-16
63 Ledbury Road London W11 2AD
http://www.ottolenghi.co.uk/

パヴロヴァ
Pavrova

　メレンゲを使ったお菓子の代表的なものがパヴロヴァ。夏がシーズンのベリーと合わせることが多く、季節限定で店頭に並び目を楽しませてくれます。英国の人々は外はカリッと、中は柔らかいメレンゲを好みます。

　メレンゲネストと呼ばれる巣の形にしたメレンゲの上に生クリームを乗せ、フルーツで飾り付けたお菓子。メレンゲを手作りするのは少し手間がかかりますが、夏が来るとスーパーに並ぶパヴロバア用のメレンゲを使うと簡単に作れます。

イートンメス
Eton Mess

　パヴロヴァをぐちゃっと潰すとイートンメスの出来上がり！「Eton」はこのお菓子が誕生したと言われるイギリスの名門パブリック・スクールであるイートン校、そして「Mess」はぐちゃぐちゃ、の意味。

　英国の家庭では日頃のおやつとしてよく食べられています。メレンゲに生クリームをそのままたらりとかけて、イチゴやラズベリーを乗せスプーンでぐちゃぐちゃにしながら食べるのがカジュアルな食べ方だそう！

　正式な作り方は砕いたメレンゲにゆるく泡立てた生クリームを混ぜ、砂糖をまぶしたイチゴと混ぜ合わせます。エルダーフラワーのコーディアルやザクロジュース、ポートワインなどを加えてアクセントをつけて楽しむことも多いです。また、ベリーの他、ルバーブを合わせるのも人気！最近では生クリームの半分をグリークヨーグルトに代えてヘルシーに工夫して作る人も多いようです！

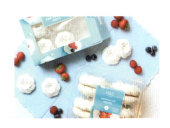

ベイクウエル・スライス、ベイクウエル・タルト
Bakewell Slice, Bakewell Tarte

Daylesford Organic（デイルズフォード・オーガニック） →P140-15
208-212 Westbourne Grove Notting Hill London W11 2RH
https://daylesford.com/

フォートナム&メイソン

片手で簡単につまめることからピクニックのおやつとしても好まれるベイクウエル。発祥の地であるダービーシャーのベイクウエルという街では元祖ベイクウエルを楽しめるティールームがあり、人気の場所となっています。

街中のカフェでは、長方形にカットされたシンプルなベイクウエル・スライスや、表面に白いアイシングシュガーとチェリーの乗せられた可愛らしいベイクウエル・タルトに出会えます。サクサクの生地の上にはジャムがサンドされアーモンドエッセンスの味が効いたアーモンドのフィーリング。ベイクウエルにはラズベリージャムが基本ですが、家庭では冷蔵庫に残っている様々なジャムが使われています。

ショートクラストペイストリーと呼ばれる生地は小麦粉、バター（ラード）、水とシンプルな材料が基本ですが、最近では卵黄や牛乳を加えたよりリッチな配合が好まれるようです。

Daylsford Organic（デイルズフォード・オーガニック）のベイクウエル（p.32 上）は私の一番のお気に入り。自然な優しいアーモンドの風味を味わえますので、アーモンドエッセンスが苦手という人にもおすすめです。卵、バターに至るまで新鮮なオーガニック素材で作られたベイクウエル最高の美味しさ！

フォートナム＆メイソンのパーラーでは、チェリーが詰められた可愛らしいベイクウエルタルトをぜひ！

> RECIPE <

ベイクウエル（20㎝×20㎝型）

ベース生地の作り方。ボールに薄力粉（120g）・冷えたバター（サイコロ状に切る／60g）・塩（ひとつまみ）・粉砂糖（30g）を入れ、バターと粉を指ですり合わせる。全体がそぼろ状になったら、卵黄（1個分）・牛乳（約大2）を加えひとつにまとめる。ベイキングシートを敷いた型の底に生地を平らに敷き詰め、ふくらみ防止の為フォークで穴を開ける。200℃に予熱したオーブンで約10分下焼きする。冷めたらラズベリージャム（約80g）を全体に塗る。

フィーリングの作り方。鍋に無塩バター（120g）を入れ火にかける。バターが溶けたら火から下ろし、砂糖（60g）・アーモンドプードル（120g）・卵（2個）を加え混ぜる。下焼きした生地の上に流し込み表面にアーモンドスライスを散らし180℃に熱したオーブンで約35分焼く。

フラップジャック
Flapjack

ヘルシースナックとして人気のフラップジャックはおやつにしたり、子どもの遠足に持たせたり。

火にかけたゴールデンシロップ・ブラウンシュガー・バターをオーツ麦と合わせて焼くのが基本のレシピ。とても簡単なので小学校の授業で作ったり、誰もが身近に親しんでいるお菓子です。

最近ではチョコレートがコーティングされたもの、ドライフルーツが加えられたものもあります。

カフェなどではドライフルーツ入りのものが多く、ねっとりした食感が特徴です。

Daylesford Organic（デイルズフォード・オーガニック）→P140-15
208-212 Westbourne Grove Notting Hill London W11 2RH
https://daylesford.com/

スティッキー・トフィープディング
Sticky Toffee Pudding

　英国のパブのデザートの定番でもあるスティッキー・トフィープディング。蒸して作られたデーツのケーキに、Sticky（べたべたした）という名の通り甘いトフィーのソースがかけられます。あたたかくして食べるデザートは特に寒い冬にぴったり。

　スティッキー・トフィープディングの発祥の地と言われるのは湖水地方のカートメルという村の店。ロンドンではアイスクリームが添えられることがほとんどですが、地方ではクロテッドクリームが添えられることもあるそうです。

　パブのデザートのイメージが強いスティッキー・トフィープディングですが、カフェで楽しみたい時にはマリルボーンにある人気のオーガニックカフェ、The Natural Kitchen（ザ・ナチュラルキッチン）がおすすめです。本格的なスティッキー・トフィープディングが味わえます。

The Natural Kitchen（ザ・ナチュラルキッチン）›P141-09
77 / 78 Marylebone High Street London W1U 5JX
https://www.thenaturalkitchen.com/

ビスケット
Biscuit

Biscuiteers Boutiques & Icing Café（ビスケッターズ・ブティック&アイシング・カフェ）　›P140-17
194 Kengington Park Road London W11 2ES
https://www.biscuiteers.com/

毎日のティータイムのお伴は？と聞くと「Biscuit（ビスケット）！」という答えがかえってくることが多くて、予想通りの答えになんだかホッとするのです。マグカップと紅茶、そこにビスケットがあればもう完璧！

甘いアイシングのかけられたクッキーが大好きなロンドナーを虜にしているのがインスタグラムでも大人気のビスケット屋Biscuiteers（ビスケッターズ）。アイシングクッキーのスクールも併設されている人気の店です。

ここ数年「London's Most Offbeat Cafes（ロンドンの最も風変わりな魅力的なカフェ）」にも選ばれている、その個性的な魅力が注目を集めるカフェ。お土産探しにも最適。クリームティーやアフタヌーンティーも可能なので、ノッティングヒルでの買い物の間に立ち寄りたいショップです。

レモンカード
Lemon Curd

スコーンやパンに付けたりと、英国の人たちが大好きなレモンカード。レモンのクリームと聞くと作るのは大変そう、と思われるかもしれませんがご心配なく！こちらもまた材料を全て鍋に入れて混ぜるだけでできあがるシンプルな英国流。

美味しく作る秘訣は「市販のレモンジュースではなく、搾りたてのフレッシュなレモンを使うこと」だそうです。新鮮なノーワックスやオーガニックのレモンがあれば自宅でとびきり美味しいレモンカードを楽しめます。

スーパーにもレモンカードが数多く売られていますが、添加物が入らずフレッシュな手作りのレモンカードには敵いません！

CHAPTER 1 | BRITISH DESSERT IN LONDON

> RECIPE <

英国レモンカード（出来上がり量約100㎖）

鍋にレモン汁（50cc）・レモンの皮（小1）・砂糖（50g）・卵（1個）・無塩バター（50g）を入れて混ぜながら中火にかける（もしくはボウルに材料を入れ湯煎にかける）。とろみが出てきたら出来上がり。ラップをかけて冷蔵庫に入れると約5日間保存可。

＊加熱すると卵白が凝固して小さな粒になることがありますが、英国の家庭では気にせずそのままいただきます！気になる人は網でこしてくださいね。

レモン・メレンゲ・パイ
Lemon Meringue Pie

　ロンドンでは多くのカフェで扱っているレモン・メレンゲ・パイ。英国のレシピでは Grandma's Lemon Meringe Pie（おばあちゃんのメレンゲパイ）という名がつけられていて、家庭の味として伝えられていることがわかります。

　ショートクラストペイストリー生地の中に、コーンフラワーを加えたプルプル食感のレモンカードを詰めるのが英国流。その上にたっぷのメレンゲを乗せてオーブンで軽く焼き色をつけたものが多く、表面はカリッと、中はふんわりやわらかくクリームのような食感がタルトとよく合います。英国では加熱せず作るメレンゲを使う為、時間がたつと水分が出てきてしまうことがあります。早めに食べるのがポイント！

　ハートフォード侯爵リチャード・シーモア・コンウェイが世界中から集めた 1500 〜 1900 年代の豪華絢爛な美術作品が見られるウォレスコレクション館内のカフェはロンドン在住者の憩いの場です。鉄瓶の紅茶は英国人にも大人気です！

The Wallance Collection（ザ・ウォレス・コレクション）→P140-08
Hertford House, Manchester Square, Marylebone, London W1U 3BN
http://www.wallacecollection.org/

エクルズ・ケーキ
Eccles Cake

　英国北西部のエクルズという街で生まれ、昔は教会で売られていたというエクルズ・ケーキ。今ではスーパーやベーカリーで簡単に見つけられる身近なお菓子です。キリスト教の「三位一体」を表す3本の切り込みが入るのが正式な形ですが、たくさんの切り込みが入ったものも！最近では切り込みの数はあまりこだわられていないようです。

　カランツ等のドライフルーツがぎっしり入ったパイのお菓子。英国では相性の良いチーズと一緒に食べる事も多いようです。シンプルだけれど飽きる事がない美味しさ。ベーカリーでみかけると、つい買ってしまうお気に入りです！

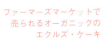
ファーマーズマーケットで
売られるオーガニックの
エクルズ・ケーキ

カップケーキ
Cup Cake

　ロンドンの住宅街に佇む可愛らしいカップケーキやショップは、私が思ったよりもずっとロンドンの人たちの生活に根付いているようです。休日のPrimrose Bakery（プリムローズ・ベーカリー）には、バースデーケーキのオーダーにファミリーが次々とやってきています。店内には可愛らしいラムネやキャンディー、ちょっとした雑貨なども置かれていたりして、学校帰りの子ども達がおやつを買いに集まる姿をみると、日本の駄菓子屋を思い出して懐かしい気持ちになります。

Primrose Bakery（プリムローズ・ベーカリー）→P141-19
69 Gloucester Avenue, London NW1 8LD
http://www.primrose-bakery.co.uk/

ロンドンでは、カップケーキも日々進化しています。甘さ控えめ、ナチュラルで高品質な素材にこだわったカップケーキショップも続々と登場しています。

Crumbs & Doilies（クランブス&ドイリーズ）は英国メディアが選ぶ美味しいカップケーキにも上位に登場する注目の店。添加物、保存料は一切使わず材料にもこだわったカップケーキは、素材の味がしっかりと活かされています。「ゴマは身体に良いから大好きよ！」というスタッフ一押しの黒ゴマのカップケーキ、カリカリとした黒ゴマの食感が良いアクセントになっています。一口サイズが、女性への手土産にも喜ばれます。

Crumbs&Doilies（クランブス&ドイリーズ）→P141-31
1 Kingly Court Carnaby London W1B 5PW
http://www.crumbsanddoilies.co.uk/

CHAPTER 2

英国人とお菓子

英国の人々は、どのような
ティータイムを過ごしているのでしょうか？
こだわりのティータイムをのぞいてみませんか？

英国に本物の珈琲をもたらした
ヒギンス一族
HR Higgins Coffee Man Ltd.

　1900年代初め、英国で社会的に認められている飲み物は紅茶だったといいます。その時代に、創業者のハロルドRヒギンス氏はコーヒーに大きな可能性を見出したそうです。"Coffee Man（コーヒーマン）"の異名をもつヒギンス氏はクオリティーの良いもの、味の良いものを、追及するために多くのコーヒー農家を訪ねました。そこで、コーヒーもまるでワインのように、土壌の状態や日当たりによって味が変わることに気づいたといいます。

　1942年にサウスモルトンStの建物で工場兼事務所をスタート。しかし第二次世界大戦中の世の中はコーヒーを楽しむ状況ではなく、政府のもってくる豆を、朝から晩までローストするだけの日々だったといいます。

　1960年代に入り、ヒギンス氏は初めてショップをオープンさせました。しかしインスタントが多く本物のコーヒーを知らない英国の人々はティースプーンでコーヒー豆を計量したり、紅茶の要領でコーヒーを淹れてしまったり。そのような人々にひとつひとつ、コーヒーのことを教えたのだそうです。

　次第にヒギンスの名は、英国最高峰のコーヒー専門店として知られるようになり、1979年には英国で初のコーヒーの王室御用達店となります。バッキンガム宮殿での女王陛下主催の晩餐会や茶会で供されるコーヒー。王室に関係する情報は一切口外できないそうですが、それでも「エリザベス女王陛下の召し上がるコー

HR Higgins Coffee Man Ltd.（H.R. ヒギンス・コーヒーマン）　>P141-04
79 Duke Street, London W1K 5AS
https://www.hrhiggins.co.uk/

ヒーに似たものはどれですか？」と、聞き出そうとするお客もいるのだとか。

　ヒギンス2代目であるトニー氏、3代目現社長となるデイヴィッド氏のティータイムはやはりコーヒーが中心です。肉などの重い食事の後にはブラックコーヒー、夕食の後にはディカフェを。紅茶もやはり茶葉から丁寧に淹れるようです。「でも、便利だから私は時々ティーバッグも使うけれどね」とトニー氏は笑って話してくれました。

　デイヴィッド氏は、英国のカントリーサイド、コッツウォルズやコンウォール、デヴォンでクリームティーを楽しむこともあるのだとか。濃厚なクロテッドクリームにはセイロン、ダージリン、ヒギンスアフタヌーンティーなどの軽めな紅茶をストレー

コーヒー豆がデザインされた
カフェの床のタイル

トで、甘いケーキには、デュークズブレンドを、ミルクティーで飲むのが好みだそうです。そして、ライト・ミディアムなフェアトレード・ペルーのオーガニック Inanbari(イナンバリ) は日本人好みかも、とも。美しく輝くイナンバリは、一瞬心地よい酸味を感じ、まろやかで深みのある味。チョコレートブラウニーとの相性が良いそうです。

「従業員や顧客。何よりも人と人との関係を大切にしている」というトニー氏とデイヴィッド氏。ヒギンスが多くの人々から愛され続ける理由がわかりました。このコーヒー豆を生み出してくれた大地、生産者の人々、全てへの感謝の気持ちを持って味わいたいコーヒーです。

人気の紅茶ブルー・レディ

ヒギンスの紅茶はパッケージも素敵でお土産にも最適です

ラ・フロマジェリー創業者の
チーズケーキ
La Fromagerire

　チーズの名店 La Fromagerire（ラ・フロマジェリー）の創業者のパトリシアさんは、世界中のシェフから信頼を集めるチーズのプロフェッショナルです。

　英国のチーズケーキの歴史は古く、酪農の国の女性たちの知恵が詰まっていると、パトリシアさんはいいます。昔の農家では、男性はフィールドに出て働き、女性は家で羊のミルクからチーズを作っていました。チーズの生成過程で出たホエーを煮詰めて作られたのが ri（再び）cotta（煮た）という意味のリコッタチーズ。大切なミルクを無駄にしないように、女性たちの知恵で作られたリコッタチーズをケーキにしたのが始まり。昔は食事の前菜として小さなチーズケーキが食べられていたそうです。

　英国の伝統的なチーズケーキはベイクド（焼かれたケーキ）だということ。長時間じっくりと焼き上げるのがポイントだそうです。私も愛するラ・フロマジェリーのチーズケーキは、英国南西部のミルクから作られた新鮮なチーズ、ノルマンデーのクレームフレッシュ、マスカルポーネ、放し飼いの有機卵、と全てが最高級の厳選された材料から作られています。乳製品たっぷりのチーズケーキにはダージリンやアッサムをミ

La Fromagere (ラ・フロマジェリー) →P141-07
2 - 6 Moxon Street London W1U 4EW
https://www.lafromagerie.co.uk/

お土産にも人気の
エコバッグ

ルクなしで、またグリーンティーや中国茶も相性が良いそうです。

チーズだけでなく、パトリシアさんが世界中から選りすぐった食材が並ぶ店内。日曜日の午前中にはスタッフ全員にとびきり美味しい朝食を振る舞い、学ぶ楽しさ、売る楽しさを知ってもらう為に、商品についての勉強会を行なっているそうです。

多忙なパトリシアさんが、気持ちをリセットするために大切にしているのが、毎日16時頃のティータイム。仕事とは関係のない事をしながら、好きな紅茶とビスケットを楽しむのだとか。

パトリシアさんが娘さんともよく訪れるお気に入りのアフタヌーンティーはClaridge's(クラリッジズ)。英国で本物のアフタヌーンティーを楽しみたいなら、ぜひ格式あるホテルへ出かけてみてください!とのこと。

> RECIPE <

パトリシアさんのリコッタチーズケーキ (23cm丸型)

全粒粉ビスケット(170g)を細かく砕き溶かした無塩バター(115g)・砂糖(50g)・塩(ひとつまみ)を加え混ぜる。型の底に敷き詰め冷凍庫に15分置く。180℃にあたためたオーブンで10分焼く。オーブンを150℃に下げておく。卵白(4個分)をハンドミキサーで泡立て角がたつ位のメレンゲを作っておく。ボールに常温においたリコッタチーズ(680g)・クリームチーズ(150g)・砂糖(200g)・レモンの皮を入れ、約30秒混ぜる。更に卵黄(4個分)を加えしっかり混ぜ、バニラエッセンス(小1 1/2)を加え混ぜる。最後にメレンゲを加えて混ぜる。下焼きした生地の上に流し込み150℃のオーブンで50分焼く。オーブンを消しドアを開けたまま20分置いたらオーブンから出し完全に冷ます。*焼きあがったあと、フレームフレッシュを表面に塗るとより本格的になります。クレームフレッシュ(450g)・砂糖(小1)・バニラエッセンス(小1)を混ぜたもの。

人気英国菓子教室オーナーの
アフタヌーンティー
Courtesy of Guliana's Kitchen

ロンドンの高級住宅街にある人気英国菓子教室オーナー、ジュリアナさんの自宅を訪れたのは、記憶にも新しいバラマーケットのテロの翌日でした。「私たちの素晴らしいバラマーケットでこのような事件が起きた事は本当に悲しい。でも、バラマーケットはこれからも素晴らしい場所であり続けるわ」と目に涙を浮かべながらも力強く話してくれたジュリアナさんに、深い英国への愛を感じた時間でした。

皆で黙祷を捧げた後、平和を祈りながらジュリアナさんお手製の美味しいアフタヌーンティーとなりました。

ジュリアナさんは母親から習った「家庭で楽しむアフタヌーンティー」という英国の素晴らしい伝統を、多くの人に伝え、残していきたいという思いから自宅で教室を開いているといいます。アフタヌーンティーで大切なことはお菓子作りの腕を見せびらかすのではなく、ゲストに楽しく、心地よく過ごしてもらうことだそうです。

Courtesy of Guliana's Kitchen（ジュリアナの英国菓子教室）
https://www.afternoontealessons.com/home/

パンが乾かないように丁寧に作られたサンドイッチは、英国の定番キュウリ・サーモン・卵。特に「キュウリのサンドイッチ」は英国の人々にとって欠かせないものです。アフタヌーンティー文化が確立された当時、キュウリは大変貴重で高価なもので、食べる事ができたのはほんの一部の人だけだったといいます。英国では子どもたちもキュウリが大好き！

食の背景を知ると、アフタヌーンティーもひとあじ違った興味深いものになります。

> RECIPE <

ジュリアナさんのショートブレッド（16.5㎝の円形／2個分）

①薄力粉（150g）上新粉もしくはセモリナ粉（50g）・コンスターチ（25g）・砂糖（75g）をボールに入れ全体が混ざる様にかき混ぜる。
②冷たい有塩バター（150g）を細かく切って加え粉類に揉みこむ。パン粉のようにそぼろ状になり、粉っぽさがなくなったらまとめてボール状にする。
③軽くこねて生地を2つに分け、天版に乗せてそれぞれ16.5㎝の円盤状に広げる。膨らみ防止の為フォークで生地をまんべんなくさして穴を開け、ナイフの背で放射状に8等分の切り込みを入れる。親指と人差し指を使い生地の端をつまみ模様をつける。（ペチコート縁のレース飾りのように！）
④冷蔵庫で20分生地を休ませ、155度に温めたオーブンで30～35分、薄いきつね色になるまで焼く。
⑤焼きあがったら熱いうちに砂糖をふりかける。10分程天板の上で冷まし、切り分ける。

カンドラ・ティールーム、英国人ママのスコーン
Candella Tea Room

　ハイストリートケンジントンにある家族経営のCandella Tea Room（カンドラ・ティールーム）。人気のスコーンは、外はこんがり、中はふんわり、新鮮なバターの香りが口いっぱいに広がりすっとお腹におさまります。

　忙しいオーナーのアンマさんの代わりに店を取り仕切っているのは、息子でマネージャーである兄のディーンさんと妹のミリアンさん。

　「スコーンはいつもママか僕が焼いているよ。今日のは僕だね」とディーンさんが教えてくれました。スコーンの材料は小麦粉とバター、塩と卵、ベーキングパウダー。牛乳は使わないのだそうです。多くの人を虜にするスコーンの秘密は、母から息子に愛情をもって引き継がれているこだわりのレシピにあるようです。

　スコーンが大好き！というディーンさんのティータイムは17時頃。スコーンと紅茶、そこへケーキも加えて、家族や友人達とクリームティーを楽しんでいるそうです。ディーンさんにとってアフタヌーンティーは特別な日にする「ラグジュアリー」なものだといいます。

Candella Tea Room（カンドラ・ティールーム） ›P140-14
34 Kensington Church St, Kensington, London W8 4HA
https://ja-jp.facebook.com/candellatearoom/

カフェインを気にしているというロンドナーはとても多く、ディーンさんも午後にはノンカフェインのルイボスティーを飲んでいるとのこと。
　店内の家具や食器はすべてアンティーク＆ヴィンテージ。アンティーク食器の販売もしており、テーブルごとに異なるティーポットやカップでサービスされて、アンティークファンにはたまりません。ティーポットに欠けがあったり、テーブルが傾いていたり。そんなところも、英国らしいと嬉しくなる、こだわりのティールームなのです。

英国紳士淑女の集う会員制社交クラブ
Social Club

　格式あるホテルやティールームが溢れるロンドンで、より英国らしい「社交」のティータイムの場は私たち日本人の見えないところでひっそりと、確実に存在しています。

　そのひとつが「会員制社交クラブ」の存在。男性達は、社交の場所として高級ホテルよりは、自分たちの所属する「社交クラブ」で過ごす事が多いといいます。招き、招かれ、その世界の中での交流を深めているのです。何とも英国らしい世界が存在しています。

　ロンドンの一等地には多くの「ソシアルクラブ」「ジェントルマンズクラブ」が存在し、レストランやバー、パーティーホールはもちろんの事、ジム、スイミングプールにスパ、フェンシング場、宿泊設備まで整えていてその充実した設備ぶりに驚かされます。ヴィクトリア朝後期にはピカデリー界隈に30,ものクラブがあったといいます。

　ジェントルマンズクラブといえば昔は男性だけの場でしたが、現在では女性も入れるクラブも増えています。夫婦で友人と集ったり、女性同士4名でアフタヌーンティーを楽しむ姿も多く見られます。

　「アフタヌーンティーの目的はスコーンやサンドイッチではなく、大切な家族や仲間と楽しい時間を過ごすこと」だといいます。英国の伝統「社交」としてのアフタヌーンティーがここにあるのです。

ロンドンの中心部に位置する由緒ある社交クラブのラウンジ

フォーダムアビーと英国菓子
Fordham Abbey

　ケンブリッジ郊外に位置するFordham Abbey(フォーダムアビー)はジョージア王朝時代の赤煉瓦のカントリーハウス。13世紀ヘンリー3世の時代にロバートフォーダムによって創設されたギルバタイン修道院跡に建っています。

　緑溢れる広大な敷地には森があり、池には鳥が巣を作り、キッチンガーデンや果樹園にはリンゴやベリーがたわわに実り、訪れる人々の目を楽しませてくれます。

　フォーダムアビーでは、200年の歴史をもつ日本の名門酒造「堂島麦酒醸造所」によるヨーロッパ初の日本酒醸造所の建設、という壮大なプロジェクトが進んでいます。日本酒醸造所の他、和食を提供するレストランやカフェ、SPA、職人を育成するための学校なども作られ、2018年夏のオープンに向け準備が進められています。

　日本文化の発信の場、そして新しいスタイルの日英の交流の場として、英国政府や地元住民からも大きな期待を集めるDojima SAKE Brewery(ドウジマ・サケ・ブリュワリー)。ここでは日本酒をこよなく愛するという英国人スタッフや、プロのガーデナーを初め多くの英国人スタッフが活躍しています。

　カントリーハウスには、庭園を見渡すことの出来る広々としたキッチンがあります。スタッフのティータイムは、各自マグカップに好きな飲み物を作り、ビスケットや、スタッフ手作りのケーキと一緒に楽しむこともあるそうです。

　料理が得意という英国人スタッフの作る英国の伝統菓子コーヒー＆ウオールナッツケーとレモンドリズルケーキは、デコレーションも味も本格的です。素晴らしい庭園を眺めながらのティータイムは何とも英国らしい空気に満ちています。

Dojima SAKE Brewery（ドウジマ・サケ・ブリュワリー）
39 Newmarket Rd, Fordham, Ely CB7 5L
http://www.dojimabrewery.co.uk/

ターニャのヴィクトリアサンドイッチ
Victoria Sandwich Cake

「ヴィクトリアサンドイッチケーキが焼けたから遊びに来ない？」と声をかけてくれたのは小学生の女の子をもつ英国人ママのターニャ。ターニャのヴィクトリアサンドイッチは専用の焼型を使って丁寧に焼き上げられ、ジャムとアイシングクリームがサンドされています。

基本のヴィクトリアサンドイッチケーキはスポンジにラズベリージャムをサンドしたシンプルなものですが、アイシングクリームや生クリームをサンドするのが最近の流行だそう！

ジャグジーのあるサンルームと庭を見渡すことのできる明るく広々としたキッチンには、家族のティータイム用の赤い水玉模様のマグカップが並んでいます。紅茶は好きではないというターニャのティータイムは、いつもコーヒーなのだそうです。

ターニャが教えてくれたレシピは英国らしい「オールインワン」。なんとボールに全ての材料を入れて混ぜるだけ！どっしり、が好きな英国ではバターをふんわり泡立てる必要なし！必要な道具も木べらのみ。これだけシンプルだったら、忙しいママでも簡単に作れます。これも英国菓子の魅力です。

「サンドイッチ」という名前の通り、正式には Sandwich Tin（サンドイッチティン・写真上）という専用の型を2つ使って2枚のスポンジを焼き、サンドイッチのようにジャムを挟みます。ヴィクトリア女王の為に作られたというケーキは、今では最も英国らしいといえるケーキのひとつです。

> RECIPE <

ターニャのヴィクトリアサンドイッチ（18cm焼型）

室温で柔らかくしたバター（200g）・小麦粉（200g）・砂糖（200g）・卵（Lサイズ3個）・ベイキングパウダー（小2）・牛乳（小2）全ての材料をボールに入れハンドミキサーで混ぜる。混ぜすぎないように注意して、滑らかになったら型に流し入れる。180度に熱したオーブンで20〜25分焼く。

柔らかいバター（75g）とアイシングシュガー（75g）、バニラエッセンス（小さじ1）を良く混ぜてアイシングクリームを作る（柔らかすぎる時はアイシングシュガーを足す）。スポンジにジャムとクリームをサンドする。最後に表面に粉糖をかけて出来上がり。

英国のバースデーパーティー!!
Kids Birthday Party!!

　英国のバースデーケーキは、アイディアに溢れていて目を楽しませてくれます。

　どっしりとしたケーキが好まれる英国では、日本のショートケーキは全く人気がありません。日本のショートケーキのスポンジはふわふわしすぎて物足りない、生クリームもクリーミー過ぎるのだそうです。

　そんな英国ではシュガーペーストか、アイシングクリームでデコレーションされた甘いケーキが主流。中はスポンジにジャムをサンドしたものやチョコレートケーキ、インパクトのあるレインボーケーキが定番です。

　バースデーパーティーの用意に1年かける家庭があると言われるほど、子ども達のパーティーは大切なイベント。スケートリンク、ボーリング場、教会を貸し切って行うパーティーから、高級ホテル、自宅にエンターテイナーを呼んでの豪華なパーティーまで様々です。中でも夏のガーデンパーティー、ピクニックパーティーは英国らしさの感じられるイベント。爽やかな緑の中、簡単なサンドイッチとチップスを庭に出して、公園でお菓子とジュースを並べて、という肩ひじ張らないスタイルはとても心地よいものです。

ファーマーズマーケットで出会うお菓子
Marylebone Farmers Market/ Primrose Hill Market

日曜日はマリルボーン・ファーマーズマーケット
Marylebone Farmers Market

　精肉店のバーガーに、マッシュルーム店のサンドイッチ、ハンプシャーのハーブに花、ケント州のフルーツまで充実したマーケット。蜂蜜やハーブ、旬のフルーツを使ったHoney Pie Bakery（ハニーパィ・ベーカリー）のケーキは材料ひとつひとつにこだわり、作られています。マーケットにしては珍しく、持ち帰りは可愛いBOXに詰めてくれます。

　Farmers Market（ファーマーズマーケット）は、ロンドンの人々にとって生活の一部。週に一度買い出しに訪れて、生産者と交流できることも楽しみのひとつ！採れたての旬のフルーツや野菜、バターやヨーグルト、スイーツや蜂蜜まで。こだわりのお土産探しにも最適です。

Marylebone Farmers Market（マリルボーン・ファーマーズマーケット） ➢P140-06
Cramer Street Car Park, Marylebone, London W1U 4EW
https://www.lfm.org.uk/markets/marylebone/　Sun 10am-2pm

土曜日はプリムローズヒル・マーケット
Primrose Hill Market

　有名人も多く住むキュートな街プリムローズヒル。プリムローズヒル・マーケットにはハイクオリティーな店がぎゅっと集まります。小学校の校庭が会場なので、ベンチの置かれた憩いの場もあり、ゆっくりと過ごす事ができます。

　FLAVORTOWN（フレーバータウン）のカップケーキには、オーガニックの卵、フランスの高級発酵バターレスキュール、フランスの最高級バローナチョコレートという厳選された材料が使われています。チーズケーキ専門店や、グルテンフリーのお菓子などスイーツ類が充実。買い出しを終えたら、すぐ隣の公園プリムローズヒルでピクニック！が土曜日の最高の過ごし方です。

Primrose Hill Market（プリムローズヒル・マーケット）　＞P141-3⓪
http://www.primrosehillmarket.com/
St Paul's School, Elsworthy Road, NW3 3DS.　Saturday, 10:00-15:00

カジュアルなティールーム、ヤムチャ
Yumuchaa

常にロンドンの人気店上位に入るYumuchaa（ヤムチャ）。グルテンフリーのお菓子が並び、特にスコーンや抹茶を使ったケーキが人気を集めています。ナチュラルな雰囲気の店内は、PCをテーブルに仕事をする若い男性が多く目に入ります。ティーバッグを使わないリーフの紅茶を使用しており、アイスティーが一般的ではない英国で、本格的なアイスティーを目の前で淹れてくれる貴重なカフェでもあります。

Yumuchaa（ヤムチャ） ›P141-11
45 Berwick Street London, W1F 8SF
http://www.yumchaa.com/

SNSの時代、
新しいスタイルの英国菓子
Peggy Porschen

「今は誰もが写真を撮りSNSに投稿する時代。Peggy Porschen（ペギー・ポーション）らしさを追求し、味にはもちろん見た目にもとてもこだわっています」と、今、世界中から注目を集めるシュガーアーティスト、ペギーさんは言います。

お洒落なロンドナーのインスタグラムでも話題のペギー・ポーションでは、伝統的な英国菓子をアレンジし可愛らしいデコレーションで仕上げたケーキが大人気。

美しくデコレーションされたケーキが珍しい英国で特に目をひくのが、ピンク色のクリームで飾られたヴィクトリアサンドイッチケーキ。英国伝統菓子バノフィー・パイをアレンジしたカップケーキは特に人気だと言います。しっかりとしたバナナの風味とトフィークリームの絶妙なバランスがたまりません。

明るく清潔感溢れるピンクと白を基調にした店内では、楽しそうにケーキの写真を撮る女性たちの姿をみることができます。誰もがHappyになれる新しい時代のスイーツです！

Peggy Porschen Parlour（ペギー・ポーション） ›P141-12
116 Ebury St, Belgravia, London SW1W 9QQ
https://www.peggyporschen.com/

バニー・ヤウン最新の
ヘルシースイーツ
BUNNY YAWUN

　オーガニック先進国と言われ、健康志向が早くから浸透しているロンドンでは「砂糖や乳製品を使ったケーキは食べない」という人が予想以上に多いことに驚きました。ロンドンのスーパーやカフェでは、オーガニックの食料品、グルテンフリーや乳製品、砂糖不使用の菓子を当たり前のように購入できます。

　有名人も多く住むロンドン屈指の高級住宅街、ハムステッドにある一軒家のカフェBUNNY YAWUN（バニー・ヤウン）は、ヘルシーなスイーツやパンを揃えるこだわりのカフェ。日本人女性でママでもあるオーナーの東瑞穂さんが2017年にオープンしたばかりの可愛らしいカフェは既に地元住民に支持されており、休日やランチタイムには行列ができています。

　バニー・ヤウンのヘルシーなお菓子・料理を手掛けているのがホメオパス兼ホリスティックシェフの屋比久優子さん。最近のロンドンでは動物性食品を全く摂らないヴィーガンの人も増えており、乳製品が一切入らないお菓子の要望も増えているのだとか。また、健康志向だけではなく、来客の中にはアレルギーや病気を持つ人も少なくないため、グルテンフリー、乳製品フリー、ヴィーガンのお菓子を多く揃えるようにしているとのこと。人々の健康を考え作られる優子さんのお菓子や野菜たっぷりの惣菜は絶品です。ここではこだわりのヘルシードリンクも多く揃います。アーモンドミルクを使用した抹茶ラテは英国人にも大人気！ターメリックラテ、アンチエイジングに良いと言われるオーガニックのゴジベリーもおすすめです。ハムステッド駅からすぐ近く。

BUNNY YAWUN (バニー・ヤウン) ⇒P141-22
84 Heath St, London NW3 1DN

CHAPTER 3

チャリティーと季節の行事

「No Bless Oblige」英国の人々に深く根付くチャリティー精神。
それはとても自然体で、心地よいものです。
世界を知り、学び、楽しみながら、決して無理をせず
自分のペースで。自分の幸せだけでなく、
他人の幸せをも考えて生きる人生は、とても豊かなものです。

チャリティー・オープンガーデン
Charity Open Garden

National Garden Scheme（ナショナル・ガーデン・スキーム）
http://www.ngs.org.uk/

緑が風に吹かれる心地よい音、花々が咲き乱れるガーデンで楽しむ手作りのスコーン。これほどまでに英国らしい幸せなティータイムは他にありません。

英国にはOpen Garden（オープンガーデン）というチャリティー行事があります。個人の庭園を一般に公開し、自由に鑑賞してもらい、入場料、お茶代、種苗などの販売で得た収益を看護、医療などの公益団体に寄付するというものです。

オープンガーデンは、イングリッシュガーデンが最も美しい、夏の時期に開催されます。受付で入場料を払えば、誰でも自由に庭園を散策できます。茅葺き屋根の周りの花壇にはバラ、ルピナス、ラベンダー、デルフィニウム、アジサイなど、季節の花々が咲き乱れ、目を楽しませてくれます。その後方には果樹園があり、リンゴ、ナシやプラムなどが小さな実をつけています。可愛らしいサマーハウスを備える池には、時折、白鳥も訪れるそうです。

オープンガーデンでの楽しみのひとつはティータイム。ガーデンのテーブルにはガーデンオーナー自らの

お手製のスコーンとボランティア手作りのケーキが並びます。私が持参したヴィクトリアサンドイッチケーキとバナナブレッドも仲間に加えてもらうことに。

オープンガーデンの歴史は古く 1927 年に慈善団体、National Garden Scheme（ナショナル・ガーデン・スキーム・NGS）が世界で最初にオープンガーデンとして組織化したのが始まりだそうです。毎年、英国中で 3700 もの個人の庭園が一般公開されていますが、2016年には£2.7milion（約 3 億 9 千万円）の収益を寄付したそうです。

ロンドンでも多くのオープンガーデンが行われています。英国のチャリティーに参加し、福祉に貢献できる機会です。足を運んでみてはいかがでしょうか。

庭園を公開する家のリスト、開催日時は「イエローブック」と呼ばれるオープンガーデンのガイドブックや、p.80 下のサイトから確認することができます。

CHAPTER 3 | CHARITY AND SEASONAL EVENTS

> RECIPE <

バナナブレッド（18cmパウンド型）

バナナブレッドは朝ごはんに軽くトーストしてバターを塗って食べる事もあります。ポイントは真っ黒に熟したバナナを使う事。伝統的なレシピにはベイキングソーダ（重曹）が入ります。手軽さが嬉しい溶かしバターで作るお気に入りのレシピをご紹介します。

ボールによく熟したバナナ（小2本／150g）を入れフォークでよく潰す。鍋かレンジで溶かしたバター（80g）を加え混ぜる。更に卵（1個）・牛乳（30cc）を加え混ぜ、薄力粉（150g）・ベイキングソーダ(小1/2)・シナモンパウダー(小1)を加え混ぜる。均一になったら、型に入れ170℃に予熱したオーブンで約40分焼く。

チャリティー舞踏会とファッジ
Charity Dance Party and Fudge

CBT Children Burns Trust（チルドレン・バーンズ・トラスト）
http://www.cbtrust.org.uk/

ヨーロッパのプリンセスたちが年に一度主催する舞踏会。由緒ある社交クラブのホールで、生演奏のオーケストラに合わせて、19世紀のワルツやポルカを踊る人々。タイムスリップしたかのようなこの会もまた、チャリティーを目的としたパーティーです。パーティーではオークションが行われ、売上金や参加費の一部はチャリティー団体 Children Burns Trust（チルドレン・バーンズ・トラスト）を通して、大きなやけどを負った子ども達の治療に使われています。ゲストも学びながら寄付金を集め、活動に興味をもってもらうことを目的としたチャリティーパーティーは、英国では多く開催されています。

ディナーのお茶菓子としてふるまわれたのは Fudge（ファッジ）。カジュアルなイメージのお菓子ですが、英国ではこのようにパーティーの席や、格式あるホテルでのアフタヌーンティーの後に出される機会が多くあり、英国を代表する正式なお菓子です。とても甘いのですが、ミルキーな風味が癖になる美味しさです。

小学校チャリティーケーキセール
Primary School Charity Cake Sale

チャリティーの意識を育むための第一歩は世界を「知る」こと。英国ではチャリティーが生活の一部となっていて、小学校でも年間を通して様々な活動が行われています。「楽しみながら、学びながらチャリティーを」という精神は、幼少期から養われています。

チャリティー・イベントの日には、テーマに合わせた仮装を行い、子ども達は£1～2をポケットに入れて持って行き寄付することもあります。

クリスマスには、自宅にあるちょっとしたプレゼントを靴の空き箱に詰めて綺麗にラッピングして、寄付したり。実際に行動することで家庭での会話も生まれ、世の中を知る事へとつながっています。他にチャリティーケーキセールもよく行われます。子ども達が大好きなアイシングクリームたっぷりの甘いカップケーキは、大定番。プロ顔負けのママ達の力作が並びます。

> RECIPE <

ターニャママのカップケーキ（約10個分）

室温において柔らかくした無塩バター（70g）・小麦粉（70g）・砂糖（70g）・卵（1個）・バニラエッセンス（小1/2）・ベイキングパウダー（小1/2）、全ての材料をボールに入れしっかりと混ざり合うまで泡だて器で混ぜる。ペーパーケースの半分まで生地を流し込み、180℃の予熱したオーブンで約12～15分焼く。アイシングバター（ヴィクトリアサンドイッチケーキ参照）でデコレーションする。

イースターとシムネルケーキ
Easter and Simnell Cake

「イースターといえばやっぱりチョコレートよ！」と口を揃えるロンドナーたち。Easter（イースター、復活祭）時期は街中に卵やウサギの形をしたチョコレートが溢れています。チョコレートが大好きなこの国の人々にとってはワクワクする季節なのです。

この時期、教会や公園などで「エッグハント」が行われます。草むらの中に隠されたエッグ（昔は卵だったようですが、今ではチョコレート等のお菓子が入ったプラスチックの卵）を探してまわる宝探し。友人宅でのブルーベルの咲く庭でのエッグハントはなんとも幸せな空気に溢れています。イースターの伝統菓子として代表的なものが、Simnel cake（シムネルケーキ）と Hot cross bun（ホットクロスバン）。春の訪れを告げる明るい色のシムネルケーキ。その昔は奉公に出ていた娘が、母の日のプレゼントとして作っていたケーキといわれますが、花嫁修業としてのケーキでもあったといいます。数週間後にもしっとりと美味しく食べられるかどうか、お菓子作りの腕をチェックされることもあったのだとか。昔の若い女性たち

Melrose & Morgan（メルローズ&モーガン） >P141-2⓪
42 Gloucester Avenue London NW1 8JD（プリムローズヒル店）
http://www.melroseandmorgan.com/

は、どのような思いでシムネルケーキを作ったのでしょうか。

今はカフェで気軽にシムネルケーキを楽しむ時代になりました。「ロンドンで最も美味しいシムネルケーキ」に選ばれた人気カフェ Melrose & Morgan(メルローズ&モーガン)のケーキ(p.90下)は、味の決め手ともいわれる良質なアーモンドを使用したマジパンが何とも言えない美味しさ。

イースターの前は身を清める意味で、脂っこいものを避ける風習があるそうですが、そのイースターの前に食べられるパンがホットクロスバン。英国ではグッドフライデー(イエスキリストが十字架にかけられたとされる聖なる金曜日)に表面にクロス(十字)が入ったパンを貧しい人々に配ったのが始まりといわれています。現在では一年中店頭に並ぶパンですが、その由来を知るとより味わい深く楽しむ事ができます。

エルダーフラワーコーディアル&ゼリーの季節
Elder Flower Cordial & Jelly Season

5月から6月にかけて小さな白い花をつけるハーブElder（エルダー）。エルダーは咳を和らげたり、花粉症にも効果があるとして、英国では自然療法でもよく用いられるハーブです。エルダーの花から抽出したハーブシロップ、Elderflower Cordial（エルダーフラワーコーディアル）は多くの家庭に常備されている飲み物。炭酸水で割ったり、お菓子作りに使ったり、夏のベリーをギッシリ詰めた華やかなゼリーも人気です。

市販のものが多くありますが、シーズン中はオーガニックのエルダーフラワーがマーケットに並ぶので、毎年コーディアルを手作りするのを心待ちにしている人も多いのです。花を茎から外したり、ゴミや虫を取り除いたり、シロップに漬けて24時間〜数日間置くので、時間と手間がかかりますが、家の中が甘いエルダーフラワーの香りに包まれて幸せな気持ちになれるひと時です。

> RECIPE <

エルダーフラワーコーディアル農家直伝のレシピ

エルダーフラワー（80g）を軽く水洗いし、ゴミや虫を取り除く。鍋に水（1.5L）を入れ沸騰したら砂糖（2.5kg）を入れ溶かす。クエン酸（85g）・エルダーフラワー・ピーラーなどで剥いたノーワックスのレモンの皮（2個分）を入れしっかりと混ぜ蓋をして最低24時間置く。清潔な布巾などでこし、瓶に入れる。賞味期限は冷蔵庫で6週間。冷凍保存も可能。

> RECIPE <

エルダーフラワーゼリー（360ccの型）

エルダーフラワーコーディアルを水で濃い目に希釈したもの（250cc）を鍋に入れ火にかけ沸騰直前に火からおろす。水でふやかしておいた板ゼラチン（7g）を加え混ぜる。鍋底を氷水にあててとろみがつくまで冷やす。型に、ゼリー液と苺やラズベリーなどのフルーツ（約120g）を交互に入れる（とろみがついているので、フルーツ浮き上がらずまんべんなく入れられる）。冷蔵庫で2時間以上冷やして出来上がり。
＊ゼリー型の底を熱湯につけると綺麗に外すことが出来ます。

小学校のサマーフェア
Primary School Summer Fair

子ども達が集まる夏のチャリティーイベントに欠かせないストロベリー&クリーム。近所の小学校のサマーフェアではストロベリー&クリームのストールがたち、「今朝僕がケント州まで行って摘んできた新鮮なイチゴだよー!!」と冗談を言いながら売るパパたち。無我夢中でイチゴをほおばっている子ども達の可愛らしさ！甘くて柔らかいイングリッシュストロベリーは本当に美味しいです。

大人達は英国の夏に欠かせない、キュウリやイチゴの入った柑橘系リキュールのカクテル、ピムスを楽しみますよ！

オーガニックマッシュルームのペースト「Pate More」はバラマーケットをはじめセルフリッジなどのデパートでも売られ、ファンは世界中に！

CHAPTER 3 | CHARITY AND SEASONAL EVENTS

ロイヤルアスコット競馬と
ストロベリー&クリーム
Royal Ascot Race Meeting and Strawberry & Cream

「ザ・シーズン」と呼ばれる英国の夏の社交シーズンには、イングリッシュストロベリーに生クリームをかけたシンプルなデザート、ストロベリー&クリームが欠かせません。

時期が短く貴重なイングリッシュストロベリーは、特別なデザートとしてスポーツ観戦等の社交の場で上流階級の人々の間で楽しまれてきたといいます。貴族や上流階級の人々は、夏の社交シーズンに家族や使用人たちとロンドンの家に集い、ヘンリーロイヤルレガッタ・ロイヤルアスコット競馬・ウインブルドン等を連日楽しむのです。世界中から集まる友人達との社交の場は、大切なお見合いや出会いの場でもあるようです。

英国王室主催のRoyal Ascot Race Meeting（ロイヤルアスコット）競馬は、馬好きで知られるエリザベス女王陛下も、滞在先のウインザー城から馬車で毎日訪れます。数ある駐車場の中でも貴族の人々の中で権利が代々引き継がれている「ナンバーワン駐車場」では、執事と共

に馬車で訪れる人達の姿も見られ、まるで映画のワンシーンのよう！駐車場では本格的なピクニックが行われており、自分の席に招いたり招かれたり、友人同士の交流に勤しみます。ピクニックにも欠かす事のできないストロベリー＆クリームはピムスやシャンパンと楽しむのが定番です。そして、中でも貴族の社交の場となっているのがロイヤルエンクロージャー。王室関係者や馬主、メンバーなど女王陛下からの招待を受けた人、またそのゲストの為に用意された席です。

ロイヤルエンクロージャーガーデンと呼ばれるエリアにはプライベートクラブのレストランも多くあります。多くの人が開催中毎日通いランチやアフタヌーンをしながら社交を楽しむようです。アフタヌーンティーのお菓子はフォークを使わず片手でつまむ事のできる正統派。特に可愛らしいキャロットケーキは絶品。

ロイヤルアスコット競馬は、競馬が貴族の遊びである事を思い起こさせてくれる場所でもあるのです。

ラベンダーの季節
Lavender Season

Hitchin lavebder（ヒッチン・ラベンダー）
Cadwell Farm Ickleford Hitchin Herts SG5 3UA
http://www.hitchinlavender.com/

英国の夏はラベンダーの季節。ロンドン近郊に数あるラベンダー畑の花でも、ラベンダーの収穫を楽しむことのできる貴重な場所が Hitchen Lavender（ヒッチン・ラベンダー）です。刈り取ったラベンダーは、乾燥させてポプリに！ラベンダー畑に腰をおろし、花輪作りを楽しむ人の姿もみられ、ラベンダーの香りに包まれた素敵な時間を過ごせます。併設するカフェのラベンダーのカップケーキは週末には早くに売切れてしまうほどの人気です。

ロンドンでもラベンダーを使ったお菓子が多く見られます。マリルボーン・ファーマーズマーケットに並ぶヨーグルトや蜂蜜が使われたオーガニックラベンダーのケーキは、この時期の楽しみです。

オーガニックラベンダーのケーキ

PYO 農園
PYO Farm

Garsons Farm(ガーデンズ・ファーム)
Winterdown Road, Esher, Surrey, KT10 8LS
http://www.garsons.co.uk/

英国では新鮮な旬のフルーツや野菜を楽しみたい時にはPYO（ピーワイオー）へ出かけます！PYOとはPick Your Ownの略。農場でフルーツや野菜、花まで、自分達で好きなものを収穫して、その分だけ購入できるという魅力的なシステム。一番の人気はベリーの美味しい時期。我が家も毎年ハロウィンのジャック・オ・ランタン作りに使うパンプキンの収穫に農場へ訪れます。

ピッキングは、子どもの食育にも最適です。ロンドン近郊の人気の農場 Garsons（ガーゾンズ）にはレストランも併設されており、新鮮なフルーツで作られたクランブルは絶品ですよ！

クリスマスを祝う伝統菓子
Traditional Sweets Celebrating Christmas

クリスマスプディング

トライフル

英国の伝統的なクリスマスケーキといえばChristmas pudding（クリスマスプディング）。クリスマスにはおじいちゃんおばあちゃんと、家族全員が集合してクリスマスプディングを食べるのが伝統的な過ごし方のようです。「うちのおばあちゃんはクリスマスプディングにブランデーをかけて火をつけて炎を楽しんでから食べるわ」という家庭も。

クリスマスプディングは、パン粉やスエットという牛脂が使われるのが特徴です。そしてなんと8時間以上蒸し上げるそうです。とても手間のかかるクリスマスプディングは、最近では手作りするという人は少ないようで、街には市販のクリスマスプディングが溢れています。特に最近の若い人の中にはクリスマスプディングは苦手という人も多いようで、トライフル派、ブッシュドノエル派という人も多数です。

もうひとつ、英国のクリスマスに欠かせないのがMince pie（ミン

CHAPTER 3 | CHARITY AND SEASONAL EVENTS

スパイ)。パイ生地の中にミンスミートというドライフルーツをスパイスなどと煮込んだものが詰められたお菓子です。英国ではヨーロッパのクリスマスとされる12月25日から1月6日まで毎夜ひとつずつ、12個のミンスパイを食べると幸せになると言われています。また、サンタクロースのために暖炉の下にミンスパイを置いたりもします。

この時期のティータイムにはミンスパイが欠かせません。

小学校のクッキングでも作られるGingerbread man(ジンジャーブレッドマン)。英国ではクリスマスだけではなく、一年中ジンジャーブレッドマンが食べられていて、子ども達も大好き！ゴールデンシロップか蜂蜜、重曹が入り、まわりはサクッと、中はパンのように柔らかいのが特徴です。オーブンから漂うスパイスと甘い香りは、ああ、今年もクリスマスの季節がやってきた！と嬉しくなる香りなのです。

クリスマスまでの
カウントダウンに欠かせない
アドバンスカレンダー。
中にお菓子を入れます

ミンスパイ

ジンジャーブレッドマン

> RECIPE <

ジンジャーブレッドマン（18cmパウンド型）

室温で柔らかくした無塩バター（80g）とブラウンシュガー（130g）をすり混ぜる。蜂蜜またはゴールデンシロップ（大4）をレンジで温めたもの、卵（1個）を加え混ぜる。ふるいにかけた薄力粉（300g）・ジンジャーパウダー（小2）・ベイキングソーダ（重曹小1）を加えひとまとまりになるまで混ぜる。ビニール袋に入れて1時間〜一晩冷蔵庫で寝かせる。5mm程の厚みに平らにのばし、型抜きし、180度のオーブンで約13分焼く。

バーンズナイト・サパー
Burns Night Supper

'My Heart's in The Highlands
（我が心はハイランドにあり）

My Heart's In The Highlands
My heart's in the Highlands, my heart is not here,
My heart's in the Highlands, a-chasing the deer;
Chasing the wild-deer, and following the roe,
My heart's in the Highlands, wherever I go.

我が心はハイランドにあり、我が心は此処にあらず。
我が心はハイランドにありて鹿を追う。
野の鹿を追いつつ、牡鹿に従いつつ、我が心はハイランドにあり、我何処へ行くも。'

Burn's Night（バーンズ ナイト）は、蛍の光の原曲としても知られるスコットランド民謡、「Auld Lang Syne（オールド・ラング・ザイン）」の作者ロバート・バーンズの生誕や詩をお祝いする日です。英国全土で毎年1月25日前後に行われます

英国社交クラブで開催されるフォーマルなパーティーでは、バグパイプに率いられて運ばれてきたハギスを前に「Adrress to Haggis（ハギスに捧げる詩）」を朗読してからナイフが入れられます。ハギスは、羊肉やオートミール、スパイスなどを羊の腸に詰めて蒸したスコットランドの伝統料理。Burn's Night Supper（バーンズナイト・サパー）と呼ばれるディナーのデザートは、Sticky toffee pudding（スティッキー・トフィー・プディング）。お茶菓子はスコットランド伝統のショートブレッド。

バーンズの詩や、詩にまつわる話が披露され、最後に参加者全員で手をつなぎ、オールド・ラング・ザインを歌って終宴となります。この時期は多くの場所でバーンズナイトが開催されますので、スコットランド文化を体験出来る貴重な機会です。

CHAPTER 3 | CHARITY AND SEASONAL EVENTS

スコットランドの
伝統的な衣装

スコットランドの国花
アザミのショートブレッド

CHAPTER 4

アフタヌーンティーと クリームティー

スコーンにジャム・クロテッドクリームと紅茶が揃えば幸せな「クリームティー」の時間。ロンドンでおすすめのクリームティーとアフタヌーンティー、正式なアフタヌーンティーのエチケットをご紹介します。

タンジェリン・ドリーム・カフェ
Tangerine Dream Café

チェルシーのベストカフェにも選ばれたロンドン最古の薬草園にあるタンジェリン・ドリーム・カフェ。

緑あふれるテラス席で楽しむラベンダーのスコーン。小ぶりで白いスコーンはパンのようにフワフワしていて英国では珍しいタイプ。口の中に入れるとラベンダーの香りがふわっと広がる優しいスコーンです。

ここは英国で2番目に古いという1673年に創設された薬草園です。世界中から集められた貴重な薬草が育てられている薬草園の中にあるカフェでは、季節の素材をふんだんに使った料理とデザートを楽しめます。天気の良い日に、出かけてみたいカフェです。

Tangerine Dream Café Chelsea Physic Garden
(タンジェリン・ドリーム・カフェ・チェルシー・フィジック・ガーデン) ›P141-13
(入場料が必要。£7.40～£10.50。シーズンにより異なる)
66 Royal Hospital Road Chelsea SW3 4HS LONDON　http://chelseaphysicgarden.co.uk/

カフェ・リバティー
Café Liberty

　根強い人気を誇る老舗百貨店Liberty（リバティー）のカフェ、カフェ・リバティーのクリームティー。

　デパートの一角にある小さなスペースですが、英国の伝統的な陶器が使われ、随所に英国らしさが詰まったカフェはリバティー・ファンの心を鷲づかみにしているカフェです。ティーカップはバーレイ。プレートは動物や草花、喋々の柄が美しいチャーチルのもの。ミルクの瓶もとても可愛い！

ランチ時間からとても混み合うので、ゆっくりと寛げる午前中がおすすめ。ショッピングの前に、スコーンで朝食というのも良いですね！

Cafe Liberty（カフェ・リバティー）（Liberty 内 2nd フロア）　→P141-26
Regent Street, London, W1B 5AH
https://www.libertylondon.com/uk/home

クリフトンナーサリー・ザ・クインストゥリーカフェ
Clifton Nursery The Quince Tree Café

Clifton The Quince Tree Café〈クリフトン・ザ・クインストゥリーカフェ〉 ▸P140-18
5A Clifton Villas London, W9 2PH
https://www.clifton.co.uk/the-quince-tree-cafe

花が溢れるチャーミングな温室、クリフトンナーサリー・ザ・クインストゥリーカフェのクリームティー。

近くにはリトルベニスとよばれる運河が流れ、絶好の散策スポット。愛犬と訪れるお気に入りのカフェです。「Nursery」とは「育てる」という意味合いから「ガーデンセンター」も意味します。

洗練された街並みに佇むエントランスをくぐると、小路の奥に広がる、咲き乱れる花々とグリーン。その中の温室がフィガロ誌で「ロンドンでもっともチャーミングなカフェ」にも選ばれたザ・クインストゥリーカフェです。太陽の光が差し込む明るい温室で過ごしていると、都会にいることを忘れてしまいそう。スコーンはフルーツ、プレーンの2種類。たっぷりのクロテッドクリームにイチゴが添えられています。ジャムも濃厚で美味しい！

温室のカフェの天井は開閉式。急な雨にも対応してくれ、英国の変わりやすい天気も安心です。外のテラス席にはブランケットも用意されています。

CHAPTER 4 | AFTERNOON TEA AND CREAM TEA

ザ・ヴィー＆エーカフェ
The V&A Café

Victoria and Albert Museum（ヴィクトリア＆アルバート・ミュージアム）（入場料無料） ›P14⓪-24
Cromwell Rd, Knightsbridge, London SW7 2RL
http://www.vam.ac.uk/

毎日でも訪れたくなる美しいザ・ヴィー&エーカフェは世界初ミュージアム併設のカフェ。

ミュージアムの名前はVictoria and Albert Museum（ヴィクトリア&アルバート・ミュージアム）。略称「V&A」のカフェには4つの空間があります。

ウイリアムモリスが初めて手がけた緑の部屋Morris Room（モリス・ルーム）。デザイナー、画家のゴドフリー・サイクスが晩年にデザイン、彼の死後、弟子のジェイムズ・ギャンブルが仕上げたGamble Room（ギャンブル・ルーム）。ここはステンドグラスと陶製の壁が素晴らしいクラシック・リバイバル・スタイルの空間です。そして画家でありデザイナーのエドワード・ポインターがデザインを手がけたPoynter Room（ポインター・ルーム）。明るく広々としたモダンな空間です。

スコーンは英国では珍しいアールグレー風味。ショートブレッドの上にキャラメルとチョコレートがかかったミリオネアショートブレッドは子ども達にも大人気です。

噴水のある中庭のテラス席は、ロンドン在住者の憩いの場となっています。テイクアウト用カップもとても素敵！

ザ・オランジェリー・レストラン
THE ORANGERY RESTAURANT

Royal Botanic Gardens, Kew's
THE ORANGERY RESTAURANT（ザ・オランジェリー・レストラン）
Kew Richmond Surrey TW9 3AE　http://www.kew.org/

　季節ごとに表情を変えるKew's Garden（キューガーデン）。花々が咲き乱れる春から夏はもちろんのこと、紅葉の季節も息をのむほど美しい場所です。ここは250年以上もの歴史を誇る王立植物園。植物の保護管理と環境の維持、開発に取り組む植物の専門機関です。
　120ヘクタールを超える広大な敷地にはカフェが数店舗ありますが、おすすめはフランス語でオレンジ畑の意味を持つザ・オランジェリー・レストラン。1761年、当時オーガスタ妃のために柑橘系植物の展示室として造られました。カフェテリアはカジュアルなビュッフェ形式。ユネスコ世界遺産である植物園の中で歴史に思いを馳せながらのティータイムはこの上なく贅沢なひと時です。

CHAPTER 4 | AFTERNOON TEA AND CREAM TEA

The AfternoonTea.co.uk Team（英国紅茶教会）が選ぶ
「ベストアフタヌーンティー 2016・2017」に選ばれた今が旬の4店をご紹介します。

最も伝統的なアフタヌーンティー賞
BEST CLASSIC AFTERNOONTEA AWARDS 2017

ダイヤモンド・ジュベリー・ティーサロン
The Diamond Jubilee Tea Salon

ロンドンの王道のアフタヌーンティーともいえるフォートナム&メイソンのザ・ダイヤモンド・ジュビリー・ティーサロンはピアノの生演奏が出迎えてくれる優雅な空間です。紅茶を熟知しているスタッフも素晴らしい。贅沢に、特別な紅茶を楽しみたい時は、追加料金で最高級の貴重な茶葉を味わえる、Rare Tea（レアティー）メニューがおすすめです。「今日のおすすめはダージリン ファーストフラッシュです。ややグリーンが残っていて柔らかい風味が素晴らしいです。僕はこちらが一番好みですよ」などと好みに合った紅茶を提案してくれます。高品質で美味しい紅茶は、口に含むと香りがふわっと鼻から頭にぬけていきます。茶葉の変更、おかわりは自由。そしてワゴンサービスのケーキも楽しみのひとつ！食べきれないスコーンやケーキはテイクアウト用のBOXに入れてくれますので、持ち帰れます。

The Diamond Jubilee Tea Salon（ザ・ダイヤモンド・ジュビリー・ティーサロン）→P141-01
Fortnum & Mason 181 Piccadilly London W1A 1ER
https://www.fortnumandmason.com/

最も話題性のあるアフタヌーンティー賞
BEST THEMED AFTERNOON TEA AWARDS 2016

マッドハッター・アフタヌーンティー
Mad Hatter's Afternoon Tea

　3段トレーが運ばれてくると、あちらこちらのテーブルから歓声があがります！「不思議な国のアリス」をイメージしたマッドハッター・アフタヌーンティーは2016年、最も話題のアフタヌーンティーに選ばれました。

　サンダーソンホテルの中庭には池と滝、ブランコまで！「マッドハッターのお茶会」にぴったりの空間。細部までこだわり抜かれたサンドイッチやスイーツでのアフタヌーンティーは、原作者ルイス・キャロルの壮大なイマジネーションを楽しむことができます。

　正統派アフタヌーンティーに飽きたら足を運びたい場所。家族連れにもおすすめ。

Mad Hatter's Afternoon Tea（マッドハッター・アフタヌーンティー） ➢P141-10
Sanderson Hotel 50 Berners Street, London, W1T 3NG
https://preview.morganshotelgroup.com/originals/originals-sanderson-london

最もコンテンポラリーなアフタヌーンティー賞
BEST CONTEMPORARY AFTERNOON TEA 2016

ザ・ローズベリー・ラウンジ
The Rosebery Lounge

ファンの多いMandarin Oriental Hyde Park（マンダリン・オリエンタル・ハイドパーク）のThe Rosebery Lounge（ザ・ローズベリー・ラウンジ）。木の枝に吊るされた鳥籠タイプのお菓子プレートはなんとも革新的。席に着くと温かいおしぼりのサービスがあります。作り置きではなく、丁寧に用意されたことがわかる柔らかく美味しいパンのサンドイッチと、繊細な味のスイーツ。ティータイムの最後にはトリュフチョコレートのサービスまで。キメの細やかなサービスと味にこだわりたい！という人におすすめのアフタヌーンティーです。

The Rosebery Lounge（ザ・ローズベリー・ラウンジ）➢P141-27
Mandarin Oriental Hyde Park London　http://www.mandarinoriental.com/london/
66 Knightsbridge London, SW1X 7LA

最もファミリーフレンドリーなアフタヌーンティー賞
BEST FAMILY FRIENDLY AFTERNOON TEA 2016

パークルーム・アット・グロブナーハウス
Park Room at Grosvenor House

最もファミリーフレンドリーなアフタヌーンティーに選ばれただけあって、ゲストの多くは小さな子ども連れの家族です。おめかしして、美しいテーブルを前にみんな嬉しそう！キッズアフタヌーンティーは、ジャムサンドやバナナサンドに、アイスクリーム、ミニサイズのケーキと子ども達の好物が詰まっています。本とぬいぐるみのお土産も付き、至れり尽くせりのサービス。大人のアフタヌーンティーには、都会的なスマートなスコーンを。たっぷりのクロテッドクリームと、ルバーブやジ

ンジャーなど珍しいジャムが3種類つきます。
　ハイドパークに隣接するパークルーム・アット・グロブナーハウスは、窓の向こうに広がる公園のグリーンと花々の景色が素晴らしく、家族で過ごすのにぴったりの場所です。

Park Room at Grosvenor House（パークルーム・アット・グロブナーハウス） ⇒P140・03
86-90 Park Ln, Mayfair, London W1K 7TN
http://www.parkroom.co.uk/

ザ・パーラー
The Parlour

遊び心溢れる「パフェ」のアフタヌーンティーを楽しむことができるのがフォートナム&メイソン内のカジュアルなカフェ、ザ・パーラー。同店の有名なアフタヌーンティーからインスパイヤーされたというパフェはその名も「アフタヌーンティーサンデー」。グラスの中にはスコーンやスイーツがダイナミックに盛り付けられています。

シャーベットはアフタヌーンティーのサンドイッチの定番「ミント&キュウリ」味。サイドに添えられたミニアイスクリームは、なんとコロネーションチキン味のソルベ。"英国のアフタヌーンティー"がギッシリ詰まった楽しいサンデーです。

店内には、フォトブース、塗り絵にクレヨン、お土産のキャンディーまで、子ども向けのサービスも充実しています。

The Parlour（ザ・パーラー）　>P141-01
FORTNUM & MASON 181 Piccadilly London W1A 1ER
https://www.fortnumandmason.com/

英国式アフタヌーンティー・エチケット

Aftrenoon Tea（アフタヌーンティー）の始まりは1840年。
英国有数の貴族の婦人であったアンナ・マリアベッドフォード公爵夫人が、
食感の空腹を埋めるために夕方に紅茶と軽いサンドイッチやお菓子を用意し、
友人達を招いたことに由来するといわれています。
社交家であった夫のフランシスと共に、
ヴィクトリア女王をはじめ年間1万2000人を
邸宅ウーバン・アビーでもてなしたという記録が残されています。
上流階級の社交の場として、最も英国らしさを感じられるアフタヌーンティー。
現在ではカジュアルなアフタヌーンティーも増えて気軽に楽しむ事ができますが、
正式な英国式エチケットを知り、
英国の午後のくつろぎの時間をより楽しんでみませんか。

〈ゲストとしてのマナー〉

1

着席したらすぐにナプキンを膝に広げる。

2

ハイテーブルの場合は食事と同様ナプキンは二つ折り。
ラウンジなどローテーブルの場合は、ナプキンを折らずに膝全体に広げる。

3

ティーカップは片手で持ち上げる。
ローテーブルの場合はティーカップ＆ソーサーを胸の位置で持ち、
姿勢を崩さずにカップを自分の方に運ぶ。

4

ティーカップの正式な持ち方は、人差し指を持ち手に入れこまない
（親指を出来るだけ立て、親指、人差し指、中指でアームを掴み、
薬指、小指を中指に揃える）。

5

ミルクは一番近い人が隣の人へ、
「いかがですか？」と声をかけながら回すのが親切。

6

スプーンはグルグルまわさず、
前後に静かに動かし混ぜる。
静かに滴を切り、カップの向う側へ。

7

お茶は飲みきらずに、カップに少し残す。

8

サンドイッチ→スコーン→ケーキの順に食べる。後戻りはしない。

9

お菓子、サンドイッチは右手の2本の指でつまみ皿にとる。
サンドイッチは倒して皿におく。

IØ

テーブルが遠い場合、皿は膝の上に置く。
サンドイッチは片手でつまんで、食べ難い時はナイフで左から切り、手で口へ運ぶ。

II

スコーン用のジャムとクロテッドクリームは、使う分だけ皿の上部にとっておく。
スコーンは手で横半分に割る（手で割りにくい時はナイフを使ってもよい）。

I2

ジャム、クロテッドクリームの順に一口分だけ塗る。
＊英国では地方によりジャムとクリームを塗る順番について
色々な考え方がありますが、正式なエチケットではジャムを先に塗ります。
理由は焼きたてのスコーンにクリームを先に塗ると溶けてしまうため。
ジャムから先に塗る事でクリームの風味をより味わえます。

I3

残したいものがある時は、皿の上部へまとめておく。

I4

ヴィクトリアサンドイッチなどの三角のケーキは、
ナイフとフォークで向う側に倒してから、左から食べる。

I5

英国式では食べ終わったらナイフ・フォークは
4時の位置に揃える。ナイフは下を向ける。
＊シティーオブロンドンでは終了時、6時の方向に揃える事もあり、
マナーは自分の所属を示すものともなっています。

- 133 -

COLUMN

小さな村とアイスクリームのこと

ウェールズとの国境、ワイ川のほとりのHey-on-Wye（ヘイ・オン・ワイ）は
交通の便が悪く衰退の一途を辿っていた過疎の小さな村でした。
1961年、リチャード・ブースという男性が一軒の古本屋を買い取り
開業したことがきっかけで、多くの古本屋が出店するようになり
「古本の聖地」として復活を遂げます。
古びたヘイ城の青空図書館はこの村の名物。
この村には有名人のファンも多いという
アイスクリームパーラーShepherd（シェパード）があります。
この店の羊のミルクのアイスクリームが絶品なのです！
村のアンティークマーケットは品揃えがよく、掘り出し物が見つかる事間違いなし！
アットホームなティールームの英国菓子は素朴な美味しさがあります。
カントリーサイドの美しい村々は英国の大きな魅力。
時にはガイドブックにも載らない小さな村を訪れてみると
新しい発見と出会いがあるものです。

Ice Cream Parlour
Shepherds at Hay-on-Wye
9 High Town, Hay-on-Wye,
Herefordshire HR3 5AE
http://www.shepherdsicecream.
co.uk/index.htm

HEY-ON-WYE

COLUMN

こだわり派のロンドン土産

> BISCUITS <

1
La Flomagerire "Melted Milk Cows" / £4.20
チーズ専門店の牛のビスケット。最高の材料で手作りされています。

2
Liberty "Liberty Biscuit Selection" / £16
ファンにはたまりません！人気老舗百貨店リバティのビスケット缶。

3
Island Bakery "Shortbread Biscuits" / £2.99
ムル島という小さな島にある家族経営ベーカリーのオーガニックショートブレッド。一部の店舗でしか扱いがなく「幻のビスケット」とも呼ばれていましたが、最近では高級スーパー、ウエイトローズでも取り扱いが始まりました。

4
Fortnum & Mason "Jar of Daises" / £9.95
いつまでも眺めていたいキュートなデイジーのクッキー。

TEA

5
ACE TEA "Lady Rose" / £4.99
行きつけのフラワーショップのマダムのご主人が経営するエースティー。「Great Taste Award（グレードテイストアワード）」を受賞。ほんのり香るローズがとても美味しいと話題の紅茶です。セルフリッジなどの有名百貨店でも取り扱いが始まりました。

6
Fortnum & Mason "Royal Blend Tea" / £10.95
英国紅茶の定番。1902年の夏、エドワード７世の国王即位を祝うためブレンドされたロイヤルブレンド。根強い人気の紅茶です。
https://www.fortnumandmason.com/

7
TIOSK "Earl Gray Tea" / £7
注目のブロードウエイ マーケットの他、大手スーパーや食材店で購入可能。

8
NEWBY English Breakfast / £4.25
５つ星ホテルのアフタヌーンティーにも使われている高品質なNEWBY。パッケージもお洒落。

あ と が き

残ったパンを無駄にしないためのプディング
戦争中、砂糖の代わりに使われるようになったニンジンを使ったケーキ
大切な牛のミルクを余すところなく使う知恵から生まれたチーズケーキ
幸せに生きるための知恵から生まれた英国菓子は
愛おしくて、あたたかいものばかりです。

伝統的な英国菓子が今のロンドンでどのように受け入れられ、
暮らしに関わっているのか。
英国で出会った英国のお菓子と英国人の心をこの本には詰め込んでいます。
英国の空気を感じ、英国のお菓子を
より身近に感じていただけたら嬉しく思います。

最後に、この本は到底私一人の力では作り上げることは出来ませんでした。
快く撮影や取材に応じてくださった英国の皆様。
取材、撮影に際し大変なコーディネート、
通訳を引き受けてくださった通訳の播本真理恵さん、
ヨーロッパの社交界、
英国のエチケットに精通していらっしゃる松田さと子先生、
撮影にあたりスタイリングのご協力をくださった
Tokyo Flamingo の久林紘子さん、中川恵子さん、
The Party Shop の山坂順子さん、吉川百合子さん、
ブックデザイナーの三上祥子様、
そして、何よりいつもあたたかく見守ってくださった
産業編集センターの福永恵子様。
多くの皆様のお力がありこの本は出来上がりました。

全ての皆様へ感謝を込めて…

牟田彩乃
AYANO MUTA

全日空国際線CAとして5年勤務後、パリへお菓子留学。
エコール・ド・リッツエスコフィエを卒業し菓子研究家として活動。
アラブ首長国連邦での生活を経て、現在ロンドン在住。
お菓子教室主催、雑誌へのレシピ提供、食に関する執筆などを行なう。
著書に『アラブの奇蹟　夢見るドバイ』（産業編集センター）がある。
Web　https://www.ayanolondon.com/
ブログ　https://ameblo.jp/london-sweets

私のとっておき45

ロンドンおいしいお菓子時間

2018年1月19日　第一刷発行

著者／牟田彩乃
撮影／牟田彩乃、Tokyo Flamingo（スタイリング）
イラスト／齋藤よしこ
通訳／播本真理絵
エチケット監修／松田さと子
地図／山本祥子（産業編集センター）
装幀／三上祥子（Vaa）
編集／福永恵子（産業編集センター）

発行／株式会社産業編集センター
〒112-0011東京都文京区千石4-39-17
TEL 03-5395-6133　FAX 03-5395-5320

印刷・製本／株式会社シナノパブリッシングプレス

© Ayano Muta Printed in Japan
ISBN978-4-86311-174-5　C0026

本書掲載の写真・イラスト・文章を無断で転載することを禁じます。
乱丁・落丁本はお取り替えいたします。